Die lokale Wetterprognose.

Von

Dr. Richard Börnstein,
Professor an der landwirthschaftlichen Hochschule zu Berlin.

Zweiter Abdruck.

Berlin.
Verlag von Julius Springer.
1884.

ISBN-13: 978-3-642-98781-6   e-ISBN-13: 978-3-642-99596-5
DOI: 10.1007/978-3-642-99596-5

Inhalt.

I. Vorzüge der lokalen vor der auswärtigen Prognose.
Die lokale Voraussagung des Wetters beschränkt sich auf den Wohnort des Wetterkundigen und dessen unmittelbare Umgebung. Sie setzt genaue Kenntniß der klimatischen Verhältnisse für dies Gebiet voraus und kann eine größere Sicherheit ihrer Angaben erzielen, als die auswärtige d. h. für ein größeres Gebiet aufgestellte Prognose, denn es ist eine eingehendere Berücksichtigung der klimatischen Besonderheiten im eigenen Gebiet möglich; bei der Lokalprognose kann man ferner neben dem absoluten Stand der meteorologischen Apparate auch deren Gang, also die Aenderungen der Elemente, in Rechnung ziehen, und endlich verfügt die Lokalprognose über ein Beobachtungsmaterial, welches zeitlich bis zu dem Augenblick reicht, in welchem die Prognose formulirt wird . . . . Seite 1.

Die Mittel, deren die Lokalprognose sich bedient, sind Kenntniß der in der Atmosphäre herrschenden physikalischen Gesetze, Vertrautheit mit dem heimischen Klima, Angaben über die augenblickliche Wetterlage in ganz Europa (enthalten in dem von der Seewarte telegraphisch übermittelten thatsächlichen Material, welches direkt bezogen oder aus den Abendzeitungen entnommen werden kann) und lokale Beobachtungen . . . Seite 13.

II. Luftdruck, Wind und Bewölkung.
Diese meteorologischen Elemente sind nur in geringem Maße von lokalen Verhältnissen abhängig. Barometrische Maxima und Minima. Barisches Windgesetz. Fortschreiten der Depressionen unter Einfluß der Vertheilung von Druck und Temperatur. Zugstraßen der Minima. Beziehungen derselben zu den lokalen Erscheinungen, welche Wind und Bewölkung darbieten, und daraus abgeleitete Regeln, welche bei der Prognose für Luftdruck, Wind und Bewölkung in Betracht kommen . . . Seite 18.

Inhalt.

III. Temperatur und Niederschlag.

Hierbei sind lokale Einzelnheiten von großer Bedeutung. Abhängigkeit der Lufttemperatur von der des Bodens und von dessen physikalischen Eigenschaften. Die Bodentemperatur resultirt aus der Differenz zwischen Sonnenstrahlung und Ausstrahlung in den Weltraum. Abhängigkeit der Temperatur von Wind und Bewölkung. Nachtfrost. Einfluß der barometrischen Maxima und Minima auf die Temperatur . . . Seite 34.

Entstehung des Niederschlages durch Wind oder durch aufsteigenden Luftstrom. Wirkung von Meer, Wald, Gebirge. Beziehungen zu den Depressionen. Einfluß klimatischer d. h. lokaler Verhältnisse. Gewitterprognose . . . . Seite 40.

IV. Ergebnisse der Lokalprognose.

Verschiedene Methoden der Prognosenprüfung. Beschränkte Vergleichbarkeit der erlangten Trefferzahlen. Tabellarische Resultate der Prognosenkritik zu München und zu Chemnitz, bei denen die größere Sicherheit der lokalen Wetterprognose, insbesondere für die Voraussagung der Niederschläge, ersichtlich wird . . . . Seite 43.

I. Vorzüge der lokalen vor der auswärtigen Prognose.

Als im Frühling dieses Jahres die Nachricht verbreitet wurde, daß die in den Zeitungen erscheinenden regelmäßigen Wetterprognosen der Seewarte demnächst aufhören sollten, wurde diese Maßregel im Publikum eifrig und nicht immer wohlwollend diskutirt. Man wollte die gewohnte tägliche Voraussagung nicht gern missen und vergaß zu bedenken, daß die ganze Einrichtung der Hamburger Prognosen nur provisorisch war und es ihrer Natur nach sein mußte. Nicht nur werden die Arbeitskräfte der Seewarte durch die tägliche Aufstellung der Prognose in wichtigerer Thätigkeit (Sammlung und wissenschaftliche Bearbeitung von Beobachtungen, klimatologische Untersuchungen, Sturmwarnungen, u. A.) behindert, sondern es ist die Voraussagung des Wetters an einer Centralstelle für ein so großes Gebiet, wie ganz Deutschland, mit Schwierigkeiten verknüpft, welche bei Beschränkung auf ein kleineres Areal verschwinden. Und demnach bietet die auf enges Gebiet beschränkte, sogenannte „lokale" Prognose von vornherein günstigere Verhältnisse und größere Sicherheit des Eintreffens; sie ist es also, welche naturgemäß als Ersatz für die wegfallende allgemeine Prognose dienen muß, und ihre praktische Bedeutung wird durch die von der Seewarte getroffene Maßregel in den Vordergrund gerückt. Welche Vortheile der Lokalprognose eigenthümlich sind und durch welche Mittel sie zu ihrem Ziele, einer möglichst sichern Voraussagung, gelangen kann, darüber sind in den folgenden Blättern einige Mittheilungen enthalten.

Als erste Vorbedingung für erfolgreiches Wirken der lokalen Wettervoraussagung muß das Interesse und die Mitwirkung des gebildeten Laienpublikums gewonnen werden, und es ist ja ein solches Streben nicht aussichtslos, denn immer größer wird die Zahl derer, welche Mühen und Kosten nicht scheuen, um selbstthätig theilzunehmen an der regelmäßigen Erforschung der Vorgänge im Luftmeere. Während die Zeit noch keineswegs fern liegt, in welcher meteorologische Aufzeichnungen fast ausschließlich von staatlichen Anstalten und nicht einmal immer nach einheitlichem Muster ausgeführt wurden, haben wir jetzt in Deutschland eine ganze Anzahl von Bezirken mit einer höchst stattlichen Armee privater Beobachter, welche sämmtlich in gleichartiger und planmäßig festgestellter Weise die Angaben der Instrumente und die sonstigen Beobachtungsergebnisse sammeln und durch gleichzeitige gewissenhafte Arbeit dem gemeinsamen Ziele, der Erforschung des heimatlichen Klimas, zustreben.

Für die Zwecke der Bodenkultur, für die Beurtheilung sanitärer Verhältnisse und manches Andere ist dies erste Ergebniß schon von hoher Bedeutung und würde darum allein die aufgewendete Arbeit reichlich belohnen. Indessen ist ja längst hinter jenem nächsten Ziele ein anderes aufgetaucht, welches eine wesentlich erweiterte Ausnutzung der Beobachtungen verspricht, nämlich die Verwendung unserer Kenntniß vom vergangenen und gegenwärtigen Wetter zur Vorausbestimmung des kommenden. In der That werden wir sehen, daß die bevorstehende Witterung eines Ortes mit einiger Sicherheit nur dann angegeben werden kann, wenn außer dem gegenwärtigen auch das vergangene Wetter bekannt ist, mit anderen Worten, daß zur Wetterprognose die jahrelang fortgesetzte Beobachtung der meteorologischen Elemente und die hieraus abgeleitete Kenntniß der klimatischen Constanten eines jeden Ortes erforderlich ist.

Schon eine flüchtige Betrachtung ist geeignet, diese Erkenntniß zu liefern. Wie der Landwirth beim Anbau von Feldfrüchten die Eigenschaften des Bodens genau kennen und berücksichtigen muß, so kann auch der Meteorologe die Wirkungen einer bestimmten Vertheilung von Luftdruck, Wind und Bewölkung nur dann mit einiger Sicherheit beurtheilen, also eine brauchbare Prognose für Temperatur und Niederschlag nur in dem Falle liefern, wenn ihm aus früherer Erfahrung bekannt ist, welche Folgen der eben herrschende Zustand der Atmosphäre am Beobachtungsorte nach sich zu ziehen pflegt, und diese frühere Erfahrung ist allein aus regelmäßigen Beobachtungen am gleichen Orte, d. h. also aus genauer Erforschung des lokalen Klimas zu entnehmen und kann auf keine andere Weise ersetzt werden. Es gilt eben hier wie überall der Satz, daß gleiche Ursachen nicht immer die gleichen Wirkungen haben, sondern unter verschiedenen Umständen sehr verschiedene Wirkungen haben können. Sehen wir für einen Augenblick die Vertheilung des Luftdrucks auf einem größern Gebiete als Ursache an, (was freilich nicht unbedingt richtig ist, aber doch meistens zutrifft), Temperatur und Niederschlag aber als Wirkungen dieser Ursache, so ist ersichtlich, daß diese Wirkungen sehr wesentlich beeinflußt werden von den begleitenden Umständen, nämlich von den klimatischen Verhältnissen der einzelnen Orte. Denn sonst müßten Temperatur und Niederschlag auf dem ganzen Gebiete, welches gleichartigen Einflüssen des Luftdrucks unterworfen ist, auch die gleichen Erscheinungen zeigen; es ist ja aber genugsam bekannt, daß schon innerhalb ganz geringer Entfernungen sehr bedeutende Verschiedenheiten auftreten. Also grade diejenigen meteo=

rologischen Elemente, welche für das tägliche Leben und die Berufsarbeit Unzähliger vorzugsweise in Betracht kommen, und auf welche daher bei der Voraussagung ganz besonderer Werth zu legen ist, nämlich Wärme und Regen, hängen in hohem Grade von der klimatischen Individualität des einzelnen Ortes ab.

Die Aufgabe, welche der Wetterkundige mit Aufstellung der Prognose zu lösen hat, bedingt hiernach also genaue Beachtung der lokalen Witterungsverhältnisse. Bevor wir daran gehen, die Lösung dieser Aufgabe einer Betrachtung zu unterziehen, seien einige allgemeine Bemerkungen über Prognosen vorausgeschickt, durch welche das Verständniß des Folgenden auch denjenigen Lesern ermöglicht werden soll, die den meteorologischen Bestrebungen bisher fern geblieben sind.

Die unentbehrliche Vorbedingung für jede Muthmaßung über das kommende Wetter ist genaue Kenntniß des gegenwärtig in weitem Umkreis vorhandenen atmosphärischen Zustandes. Wenn die meteorologischen Elemente aus einem über Europa vertheilten Netz von Beobachtungsstationen für einen bestimmten Augenblick bekannt sind, so kann daraus nach gewissen der Erfahrung entnommenen Regeln die in den nächsten 24 bis höchstens 36 Stunden bevorstehende Witterung hergeleitet werden. Aus der Kürze der Frist, für welche allein eine Prognose aufgestellt werden kann, ergiebt sich die Nothwendigkeit telegraphischer Uebermittelung der sämmtlichen Witterungsnachrichten, wie solche in der Praxis auch thatsächlich eingeführt ist. Hierbei müssen nun, wie erwähnt, die klimatischen Verhältnisse eines jeden Ortes, für welchen eine Voraussagung stattfinden soll, eingehende Berücksichtigung finden. Es erscheint freilich nicht grade unthunlich, eine einzige Centralstelle für ein beliebig großes Gebiet einzurichten, diese mit den nöthigen telegraphischen Nachrichten über das herrschende Wetter und mit dem klimatischen Beobachtungsmaterial für alle in Betracht kommenden Orte zu versehen, und dann von der Centralstelle für alle diese Orte Prognosen aufstellen zu lassen. Aber es ist leicht einzusehen, auf welche wesentlichen Vortheile dabei verzichtet werden müsste. Zunächst ist unsere Kenntniß von den in der Atmosphäre herrschenden Gesetzen noch so unvollkommen, daß es nicht möglich ist, für längere Zeit als die erwähnte Dauer von 24 bis 36 Stunden die Witterung vorauszusagen. Die zuweilen unternommenen und veröffentlichten Versuche, Prognosen für längere Zeit aufzustellen, haben bisher kein in Betracht kommendes Ergebniß geliefert. Von dieser an sich schon kurzen Zeit ist noch dreierlei in Abzug zu bringen, nämlich diejenige Dauer, welche zur Beförderung der Depeschen von den Beobachtungsstationen an eine Sammelstelle nöthig ist, ferner die zur Herleitung der Prognose erforderliche Zeit, und endlich die Dauer der Uebermittelung der an der Sammelstelle formulirten Prognose an die Interessenten. Damit nun die Letzteren möglichst frühzeitig in den Besitz der Prognose kommen, d. h. also damit das betheiligte Publikum eine Voraussagung noch für möglichst viele Stunden erhält, muß die Aufstellung der Prognose so rasch als irgend thunlich besorgt werden. Die hierbei zu bewältigende Arbeit ist aber keineswegs gering; sie setzt sich zusammen aus der übersichtlichen Darstellung des thatsächlichen Materials und der Erwägung dessen, was aus dem herrschenden Zustand sich entwickeln kann. Das thatsächliche Material, bestehend aus einer Anzahl von Depeschen mit den Beobachtungsergebnissen der einzelnen Stationen, gestattet zunächst noch keinen Einblick in den atmosphärischen Zustand, es wird vielmehr erst verwendbar gemacht durch Eintragen aller einzelnen Angaben in sogenannte synoptische Karten. Dieselben sind in einfachem Vordruck mit den geographischen Umrissen und den Stationsorten desjenigen Gebietes versehen, aus welchem Berichte kommen, und es werden nun bei jedem Orte die daselbst beobachteten Werthe für Luftdruck, Temperatur u. s. w. handschriftlich mit Benutzung einfacher Zeichen eingetragen. Sind alle Nachrichten auf solche Art in der Karte vereinigt, so zieht man die Linien gleichen Luftdrucks (Isobaren) und gleicher Temperatur (Isothermen), d. h. man verbindet durch eine Linie die Orte, welche 760 mm Barometerstand haben, durch eine zweite Linie die Orte mit 765 mm, resp. mit 755 mm Barometerstand u. s. w., und ebenso durch einzelne Linien die Orte mit 0°, mit 5° Temperatur u. s. w. Jetzt erst ist das Beobachtungsmaterial soweit geordnet, daß man die Vertheilung der einzelnen meteorologischen Elemente übersehen kann, und nach dieser rein mechanischen Arbeit beginnt erst die eigentliche Aufstellung der Prognose. Wir wissen nun bereits, daß hierbei die klimatischen Einzelnheiten der Orte in reifliche Erwägung gezogen werden müssen, und es ist also eine sorgfältige Ueberlegung der einzelnen Factoren ebenso oft nothwendig, als verschiedene Orte mit einer Prognose versehen werden sollen. Man darf wohl zweifeln, ob eine ausgiebige Berücksichtigung der lokalen Verhältnisse zugleich für eine größere Anzahl verschiedener Orte überhaupt möglich ist; jedenfalls aber gehört dazu beträchtliche Zeit, und da aus bereits angeführten Gründen gerade die Dauer der ganzen zur Wettervoraussagung führenden Ueberlegung eingeschränkt werden muß, so erscheint es zweckmäßig, die Aufstellung der Prognose nicht für viele Orte einer gemeinsamen Centralstelle zu übertragen, sondern vielmehr an jedem einzelnen Ort gesondert vorzunehmen. Wer nur für seinen eigenen Wohnort und einige in dessen Nähe gelegene Punkte die Voraussagung zu machen hat, dem wird es nicht schwer werden, die klimatischen Einzelnheiten, welche ihm ja aus täglicher Erfahrung bekannt und vertraut sind, genau zu berücksichtigen und sehr viel erfolgreicher zu benutzen, als Angaben von anderen Orten, die ein vollständiges Bild des Klimas ohnedies kaum ergeben können.

Zum gleichen Resultat, daß nämlich die Prognosen an vielen Orten und für kleine Gebiete aufgestellt werden sollen, führt auch der folgende Umstand. Das thatsächliche Material aus den Beobachtungsstationen, wie es an der Centralstelle gesammelt und von hier (in Deutschland von der Hamburger Seewarte) an die einzelnen Prognosenbezirke mitgetheilt wird, besteht aus den Angaben über Luftdruck, Wind, Bewölkung, Niederschlag, Temperatur und Luftfeuchtigkeit, welche um 8 Uhr Morgens an den einzelnen über Europa verbreiteten Stationen beobachtet wurden. Diese gesammelten Angaben können zur Mittagszeit des gleichen Tages an jedem beliebigen Orte telegraphisch erhalten werden. Nun ist es aber erfahrungsmäßig sehr wichtig, nicht blos den Stand der Apparate (Barometer, Thermometer, Windfahne u. s. w.) in einem bestimmten Augenblick zu wissen, sondern auch ihren Gang, d. h. also es erleichtert die Beurtheilung der Wetterlage sehr wesentlich, wenn man außer den Mittheilungen über einen einzelnen Zeitpunkt auch erfährt, ob Luftdruck und Temperatur steigen oder fallen, ob der Wind nach rechts (Ost über Süd nach West) dreht oder umgekehrt u. s. w. Diese Angaben kann Jeder für seinen Wohnort ohne Weiteres aus eigenen Beobachtungen entnehmen; es ist auch leicht, durch wenige kurze Depeschen aus der Umgegend die gleichen Beobachtungen für ein kleines Gebiet zu erhalten, in welchem die klimatischen Verhältnisse einigermaßen gleichartig beschaffen sind. Und dementsprechend würde dieser Vortheil, die Kenntniß nämlich, in welcher Richtung Aenderungen der Wetterlage stattfinden, mitbenutzt werden können, sofern eben die Voraussagung sich auch nur auf ein beschränktes Gebiet beziehen soll. Nur in diesem Fall kommen die eigenen Beobachtungen desjenigen, welcher die Prognosen ausgiebt, zu angemessener Verwerthung, und wie nützlich dies ist, dürfte von vornherein ja einleuchten und soll in speciellerer Weise hier erläutert werden.

Endlich ist noch ein wesentliches Moment zu bedenken. Es wurde schon erwähnt, daß man bei genauer Kenntniß der Wetterlage eines bestimmten Augenblicks für die nächsten 24 bis 36 Stunden die voraussichtlich eintretenden Aenderungen herleiten kann. Wer dies für ein großes Gebiet thun will, muß sich auf das von der Seewarte kommende Material beschränken, d. h. also seine Prognose auf die um 8 Uhr Morgens stattfindende Witterung gründen. Soll dagegen die Prognose auf den eigenen Wohnort und dessen nächste Umgebung beschränkt sein, so stehen noch diejenigen Wahrnehmungen zur Verfügung, welche in diesem Gebiete selbst während des Vormittags gemacht wurden. Damit die Voraussagung noch am Vorabend desjenigen Tages, auf welchen sie sich bezieht, Verbreitung durch Telegraph, Zeitungen, Boten oder dgl. finden kann, darf sie nicht später als etwa 3 Uhr Nachmittags festgestellt werden. Früher ist es auch nicht wohl ausführbar, weil die Depeschen der Seewarte zu solcher Zeit einzutreffen pflegen, daß ihre Benutzung für die Herstellung der Wetterkarte mit Sicherheit erst bis zur genannten Stunde vollendet sein kann. Man kann also noch aus einigen nahe gelegenen Orten telegraphische Mittheilung über Beobachtungen erhalten, welche um 2 Uhr angestellt wurden, und verfügt demnach über ein Material, welches aus dem übrigen Europa von 8 Uhr Morgens datirt, aus dem Prognosengebiet aber noch 6 Stunden und für den Wohnort des Meteorologen sogar 7 Stunden weiter reicht. Es liegt auf der Hand, daß die Sicherheit der Prognose erheblich wachsen muß, wenn auf solche Art durch Mitbenutzung lokaler Wahrnehmungen die Zeit, für welche das Wetter vorausgesagt wird, merklich verkürzt wird, ohne daß dabei in der Ausgabe der Prognose irgend welche Verzögerung eintritt.

Kurz zusammengefaßt lautet das Vorstehende:

„Damit für einen Ort die Witterung des kommenden Tages vorausgesagt werden kann, müssen die lokalen Witterungserscheinungen ebenso wie die klimatischen Verhältnisse sorgfältige Berücksichtigung finden. Es ist dahin zu streben, daß an einer Stelle nur für ein kleines Gebiet die Prognose aufgestellt wird, denn die zur Ueberlegung verfügbare Zeit reicht nicht aus, um die abweichenden klimatischen Besonderheiten verschiedener Gebiete genügend zu berücksichtigen; es ist ferner nur bei lokaler Beschränkung der Prognose möglich, außer dem momentanen Zustand der Witterung auch deren im Gange befindliche Aenderungen zu berücksichtigen; und endlich vermag die lokale Prognose sich auf ein reicheres, noch den letzten Stunden entnommenes Beobachtungsmaterial zu stützen, als dies bei auswärtiger Prognose möglich ist."

Wenn wir hiernach zugeben müssen, daß die lokale Wetterprognose vor der auswärtigen den Vorzug sehr viel größerer Sicherheit hat, so liegt es nahe, hieraus den Schluß zu ziehen, daß diejenige Einrichtung die vortheilhafteste sein wird, bei welcher die Voraussagung des Wetters nur für ganz kleine Gebiete stattfindet. In letzter Instanz muß also das Ideal solcher Bestrebungen darin bestehen, daß jeder einzelne Mensch, welcher vom Wetter abhängt (und wen trifft das nicht?), selbst die Prognose für sich aufstellt, d. h., daß Jeder sein eigener Wetterprophet wird. Liegt die völlige Erreichung solchen Zieles auch recht fern, so wäre es doch unrichtig, dasselbe als unerreichbar anzusehen. Und darum wäre es eben so unrichtig, diesem Ziele nicht nachzustreben, um so eher als jeder einzelne Versuch, demselben näher zu kommen, die segensreiche Folge haben muß, daß jener ideale Zustand von Einzelnen, die den Versuch unternommen, wirklich erreicht wird. Es ist in der That garnicht so schwer, als man glauben möchte, die hierbei nöthigen Voraussetzungen zu erfüllen. Dazu gehört in erster Linie die Kenntniß derjenigen Gesetze, durch welche die atmosphärischen Vorgänge regiert werden. Wer einige physikalische Vorkenntnisse und zugleich Interesse für naturwissenschaftliche Studien hat, wird ohne großen Aufwand an Zeit und Mühe dahin kommen, die wichtigsten meteorologischen Verhältnisse zu übersehen,*) und findet dafür fortwährende Anregung und Erleichterung in den von der Natur gebotenen täglichen Anwendungen des Gelernten. Zweitens setzt die praktische Verwendung solcher Kenntnisse, wie wir schon sahen, ein genaues Vertrautsein mit dem heimischen Klima voraus. Auch diese Bedingung ist keine unerfüllbare, denn wer nicht durch eigene Beobachtungen hierüber orientirt ist, kann leicht von der nächsten regelmäßig arbeitenden Beobachtungsstation erfahren, welche Werthe für durchschnittlichen, größten und kleinsten Betrag von Temperatur, Luftdruck, Luftfeuchtigkeit u. s. w. in einer längern Reihe von Jahren am Orte beobachtet wurden, welche besonderen Zahlen den verschiedenen Jahres- und Tageszeiten entsprechen, welche etwaigen Beziehungen zwischen Windrichtung und anderen meteorologischen Elementen aus den Durchschnittswerthen der Beobachtungen hervorgehen, und was sonst noch zur klimatischen Individualität des Ortes gehört.

Drittens ist für die wirkliche Voraussagung die Kenntniß des gegenwärtigen Wetters erforderlich. Die einfachste Erfüllung dieser Forderung bestände in der allgemeinen Verbreitung

---

*) Einen allgemein verständlichen Leitfaden hat u. A. Verfasser obiger Zeilen unter dem Titel: „Regen oder Sonnenschein?" (Berlin, Parey, 1882) zusammengestellt.

gedruckter Wetterkarten, welche am Nachmittag oder Abend jeden Tages die Wetterlage von Morgens 8 Uhr darstellen. Nun werden zwar von der Seewarte sowohl als von den meteorologischen Anstalten mehrerer Einzelstaaten regelmäßig tägliche Wetterberichte mit autographirten Karten ausgegeben und durch die Post versendet; diese Publikationen gehen aber der überwiegenden Mehrzahl der Abonnenten erst am folgenden Tage zu und also zu spät, um noch am Abend beurtheilen zu können, welches Wetter für morgen in Aussicht steht. Dagegen bringen mehrere Zeitungen die Wetterkarte vom Morgen bereits in der Abendausgabe desselben Tages und setzen damit ihre Leser ohne Weiteres in den Stand, diese Karte bei der Prognose zu benutzen. Solche Karten erscheinen z. B. in der "Hamburger Börsenhalle", der "Hamburger Reform" und dem "Berliner Tageblatt".

Wer indessen eine solche Zeitung nicht benutzt, braucht darum keineswegs auf eine Wetterkarte zu verzichten. Bekanntlich bringen in Deutschland die meisten Zeitungen von nur einiger Bedeutung im Abendblatte den in Tabellenform ausgegebenen Wetterbericht der Seewarte, die sogenannte Hamburger "Abonnementsdepesche", und dazu in Worten die "Uebersicht der Witterung". Jene Tabelle enthält aus 28 europäischen Stationen die Angaben über Luftdruck, Windrichtung und -Stärke, Bewölkung und Temperatur, und diese auf 8 Uhr Morgens vom gleichen Tage bezogenen Angaben genügen zur Herstellung einer Wetterkarte. Man bedient sich dazu entweder einer Schiefertafel, auf welcher die Umrisse von Europa und die Stationsorte durch vertiefte Linien dauernd angegeben sind, oder eines gedruckten Formulars mit dem gleichen Inhalt*).

---

*) Solche Formulare liefert z. B. die Firma H. S. Herrmann in Berlin S. W., Beuthstraße 8, zum Preise von 2 Mk. für 100 Stück.

Mehr zu empfehlen ist die letztere Methode, weil man dabei in Stand gesetzt ist, die täglich gefertigten Karten aufzubewahren und mit einander zu vergleichen. In das Formular schreibt man nun die Angaben der Abonnementsdepesche hinein, zunächst die Barometerstände, wobei die 7 als selbstverständlich fortbleiben kann, und die Windrichtung (d. h. für jede angegebene Windrichtung einen mit dem Winde fliegenden Pfeil, dessen Spitze im Stationsort liegt), sodann die Windstärke, indem jeder Pfeil am hintern Ende halb so viele nach links gerichtete Federn erhält, als die für Windstärke angegebene Zahl beträgt, und endlich Bewölkung und Temperatur. Um die verschiedenen Grade der Bewölkung (ganz bedeckt, wolkig, halb bedeckt, heiter, wolkenlos) darzustellen, überzieht man den kleinen Kreis, welcher je einen Stationsort bezeichnet, ganz, zu drei Vierteln, halb, zu einem Viertel oder läßt ihn frei. Um Verwechselungen zu vermeiden, kann man stets die Zahlen für Luftdruck oben und die Temperaturzahlen unten an den Stationsort schreiben. Hierauf zieht man die Isobaren (Linien gleichen Barometerstandes) von 5 zu 5 mm unter Berücksichtigung des Umstandes, daß dieselben erfahrungsmäßig mit den nächstliegenden Windpfeilen gleiche Richtung zu haben pflegen, und daß der Wind stets den größern Luftdruck rechts und den kleinern links hat. Es müssen also die Befiederungen der Windpfeile nach dem geringern Luftdruck hinweisen. Auf der gleichen Karte kann man auch die Isothermen (Linien gleicher Temperatur) anbringen, etwa mit punktirten Linien oder sonstwie von den Isobaren unterschieden, und mit je 5° C. Intervall. Wie einfach es ist, sich in dieser Weise selbst eine Wetterkarte anzufertigen, wird Jeder finden, der einmal versucht hat, jene in den meisten Zeitungen erscheinende und von gar vielen Lesern unbeachtet gelassene Tabelle einiger Aufmerksamkeit zu würdigen.

Kenntniß der in der Atmosphäre gültigen Gesetze, des eigenen Klimas und der augenblicklichen allgemeinen Wetterlage haben wir als nothwendig für die Prognosenstellung kennen gelernt. Hierzu kommt nun noch viertens die genaue Beobachtung der lokalen Witterungsvorgänge. Sie bildet die wesentliche Ergänzung jener Faktoren und begründet den bereits hervorgehobenen Vorzug der lokalen vor der auswärtigen Wetterprognose. Wie die lokalen Wahrnehmungen mit jenen anderen Faktoren vereinigt und zu möglichst hoher Sicherheit der Prognose ausgenutzt werden können, dafür sollen in den folgenden Abschnitten einige Fingerzeige gegeben werden.

II. Luftdruck, Wind und Bewölkung.

Im vorigen Capitel wurde gezeigt, wie die Voraussagung des Wetters zu möglichst hoher Leistungsfähigkeit dadurch gebracht werden kann, daß jede Prognose sich nur auf ein kleines Gebiet bezieht. Zu den wesentlichen Vorzügen solcher Einschränkung gehört wie erwähnt die Möglichkeit, lokale Witterungsvorgänge zu beachten, und diese Thätigkeit soll den Inhalt unserer nächsten Betrachtungen bilden. Dabei wird man sich von Neuem klar zu machen haben, daß die Witterung eines Ortes nur dann verstanden und in ihrer muthmaßlichen Fortentwicklung übersehen werden kann, wenn sie nicht für sich allein sondern als Theil der gesammten über Europa herrschenden Wetterlage aufgefaßt wird. Nur wer das Wetter des eigenen Wohnortes mit den gleichzeitigen atmosphärischen Zuständen über dem ganzen Welttheil in ursächlichen Zusammenhang bringen kann, ist im Stande, die augenblickliche Witterung richtig zu deuten und die bevorstehenden Aenderungen zu beurtheilen. Hierbei können nun die lokalen Wahrnehmungen als wichtige Symptome dienen. Denn wenn Jemand im Besitz des S. 9 erwähnten thatsächlichen Materials ist und mithin die Wetterlage eines sehr großen Gebietes von 8 Uhr Morgens kennt, so wird ihm die Beachtung der lokalen Aenderungen während des Tages dazu verhelfen, hieraus rückwärts auf die im ganzen Beobachtungsgebiete stattfindenden Aenderungen zu schließen. Bleibt er auf diese Art durch aufmerksame Verfolgung aller lokalen Symptome dauernd in Kenntniß der allge-

meinen Wetterlage mit ihren Wandlungen, so kann er die
für den folgenden Tag bevorstehende Witterung daraus nach
erfahrungsmäßig feststehenden Regeln entnehmen.

Wenn man auf solche Art die Beziehungen zwischen der
allgemeinen Witterungslage eines großen Gebietes und dem
Wetter eines einzelnen Ortes studirt, so scheiden sich die
meteorologischen Elemente in zwei verschiedene Gruppen. Die
einen, nämlich Luftdruck, Wind und Bewölkung, zeigen meist
einheitliche Vertheilung auf weiten Gebieten und nur geringe
Abhängigkeit von lokalen Besonderheiten, während dagegen
Niederschlag und Temperatur vorwiegend lokaler Natur sind
und oft schon innerhalb geringer Abstände sehr bedeutende
Abweichungen zeigen. Indem wir uns zunächst der ersten
Gruppe zuwenden, wäre es unrichtig, zu glauben, daß die
erwähnten Elemente durchgängig in allen Stationen eines
großen Areals denselben Werth zu haben pflegen. Der Aus=
druck „einheitliche Vertheilung" ist vielmehr so zu verstehen,
daß Luftdruck, Wind und Bewölkung eine übersichtliche An=
ordnung um einzelne besondere Stellen (Maxima und Minima)
aufweisen, und daß es mithin leicht ist, die Vertheilung dieser
Elemente in der Wetterkarte aufzufassen und in wenigen
Worten auszusprechen, während bei Niederschlag und Tempe=
ratur größere Mannigfaltigkeit stattfindet. Vielleicht wird eine
spätere Zeit mit wachsender Erkenntniß uns dahin führen,
die Ursachen der Luftdruckvertheilung in atmosphärischen Vor=
gängen zu sehen, die heute noch nicht richtig erkannt oder
gewürdigt werden; für jetzt hat man sich aber gewöhnt, in
der praktischen Wetterkunde alle anderen meteorologischen Ele=
mente auf die Anordnung des Luftdrucks zurückzuführen, und
darum muß dieser Zusammenhang in jedem einzelnen Falle
gesucht und verfolgt werden. Man pflegt die Vertheilung
des Luftdrucks in der Weise anzugeben, daß man sie auf die

2*

barometrischen Maxima und Minima bezieht, d. h. auf diejenigen Gegenden, in welchen der Luftdruck größer resp. kleiner ist, als ringsherum, und die also von geschlossenen Isobaren umgeben sind.

Damit ist dann bereits die Vertheilung von Wind und Bewölkung auf demselben Gebiet gegeben, denn die Erfahrung lehrt, daß diese Elemente von dem Luftdruck in regelmäßiger Weise abhängen. In Betreff der Windrichtung gilt hier das sogenannte barische Windgesetz, welches lautet: Der Wind weht auf der nördlichen Hemisphäre so, daß ein Beobachter mit dem Winde gehend die hohen Drucke zur Rechten und zugleich etwas hinter sich hat, die tiefen zur Linken und etwas vor sich. Für die südliche Hemisphäre hat man in diesem Gesetz rechts und links zu vertauschen. Angewendet auf die Maxima und Minima folgt hieraus: Auf der nördlichen Erdhälfte bewegt sich die Luft in spiralförmigen Bahnen um die barometrischen Maxima und Minima herum, und zwar um ein Maximum im Sinne des Uhrzeigers gedreht (anticyklonal) und außerdem nach außen und abwärts, um ein Minimum entgegen der Drehung des Uhrzeigers (cyklonal), nach innen und aufwärts. Auf der südlichen Erdhälfte haben die Drehungen umgekehrte Richtung. Eine sachliche Begründung dieser Regeln kann leicht gegeben werden, wenn man bedenkt, daß die unteren Luftmassen nach Ausgleichung des Druckes strebend vom hohen zum niedern Druck hinfließen müssen, und daß sie hierbei, wie jeder bewegte Körper, durch Einfluß der Erddrehung auf der nördlichen Hemisphäre nach rechts, auf der südlichen nach links abgelenkt werden*). Indessen soll auf die theoretische Herleitung dieser Einzelnheiten

---

*) Dieser ablenkende Einfluß der Erddrehung ist exakt dargestellt z. B. von Thiesen, Zeitsch. d. österr. met. Ges. **14**, pag. 203. 1879.

Barometrischer Gradient.

hier nicht eingegangen werden, vielmehr mag der Hinweis auf ihre fortwährende Bestätigung durch die Erfahrung genügen.

Die Windstärke hängt ebenfalls genau mit der Vertheilung des Luftdrucks zusammen. Denn wenn der Wind durch das Streben nach Druckausgleichung zu Stande kommt, so ist ja klar, daß er um so stärker sein muß, je größere Druckunterschiede zwischen Orten gleichen Abstandes stattfinden. Wenn also die Isobaren, welche sich um je 5 mm Barometerhöhe von einander unterscheiden, recht nahe beisammenliegen, so ist darin ein stärkerer Anlaß zur Windbewegung gegeben, als bei weit auseinanderliegenden Isobaren, und es wird die Windrichtung eine entsprechend große sein. Man bezeichnet dabei durch den Ausdruck „Gradient" den Unterschied im Luftdruck zweier Orte, die von einander um 111,3 Kilometer (1 Aequatorgrad) entfernt sind, und deren Verbindungslinie mit der Richtung des wachsenden Druckes zusammenfällt d. h. senkrecht auf den Isobaren steht. Also ist der Gradient um so größer, je geringer der Abstand zwischen den Isobaren, und es fallen starke resp. schwache Gradienten mit starken resp. schwachen Winden zusammen. Die Erfahrung lehrt, daß um die barometrischen Maxima herum nur schwache Gradienten aufzutreten pflegen, während die Minima wenigstens auf einer Seite meist starke Gradienten und also auch starke Winde aufweisen. Die Veranlassung hierfür ist in der Centrifugalkraft zu suchen, welche die gekrümmten Windbahnen gerade zu richten sucht und hierbei den Einfluß der Erddrehung beim Maximum verringert, beim Minimum dagegen verstärkt, so daß in letzterem Falle die Luftmassen längere Bahnen zu durchlaufen haben und entsprechend größere Geschwindigkeit dabei erlangen.

Was endlich die Bewölkung betrifft, so führt eine kurze

Ueberlegung auf den Zusammenhang dieses Elementes mit Wind und Luftdruck. Die Entstehung der Wolken beruht auf Abkühlung dampfhaltiger Luft unter ihren Thaupunkt, d. h. unter diejenige Temperatur, bei welcher die in der Luftmasse vorhandene Feuchtigkeit ihre Dampfform nicht mehr beibehalten kann, sondern sich in feine Wassertröpfchen zu verwandeln beginnt. Diese Verwandlung oder Condensation findet in gleichem Maße statt, als die Temperatur unter den Thaupunkt herabgeht, sie ist also an Abkühlung der feuchten Luft gebunden. Demnach kann Wolkenbildung auf zwei Arten entstehen, entweder indem durch Vermischen zweier horizontalen Luftströme von verschiedener Temperatur und Feuchtigkeit der wärmere von beiden unter seinen Thaupunkt abgekühlt wird, oder durch die Temperaturerniedrigung im aufsteigenden Luftstrom. Beides findet aber vorzugsweise in der Gegend des barometrischen Minimum statt, denn das Auftreten von benachbarten Strömungen aus verschiedener Richtung wird ebenso wie überhaupt die Entstehung des Windes durch die Verhältnisse des Minimum begünstigt, und der aufsteigende Luftstrom ist für dasselbe sogar ein charakteristisches Merkmal. Da nämlich die unteren Luftmassen wie vorher erwähnt nach dem Orte des geringsten Luftdruckes hinströmen, so wird diese Anhäufung von Luft in der Mitte eine vertikale, nach oben gerichtete Bewegung erzeugen, so lange eben diese Mitte noch einen geringern Druck hat, als die Umgebung. Bedenkt man nun aber, daß die Luft ihre Wärme fast ausschließlich durch Leitung vom Boden erhält und nicht von den Sonnenstrahlen, und ferner, daß Luft, die unter geringern Druck kommt, dadurch abgekühlt wird (sogen. dynamische Abkühlung), so folgt hieraus, daß die über dem barometrischen Minimum aufsteigenden Luftmassen bedeutende Erniedrigung ihrer Temperatur erfahren müssen, erstens weil sie vom wärmenden Boden entfernt und in die Nähe kälterer Luftmassen gebracht werden, und zweitens weil sie immer nur den Druck der über ihnen befindlichen Luft auszuhalten haben, beim Aufsteigen also einem mit wachsender Höhe abnehmenden Druck unterworfen sind, dabei sich ausdehnen und dynamisch abkühlen. Die Vorbedingungen für Entstehen von Wolken sind also ganz besonders günstig in der Gegend des barometrischen Mimimum. Sie sind aus gleichen Gründen der Wolkenbildung ungünstig unter Einwirkung des Maximum, denn hier findet sich wenig Wind und absteigender Luftstrom, der die Luftmassen dem Boden nähert; sie werden aus diesem Grunde erwärmt, ebenso auch durch die Druckvermehrung bei der Abwärtsbewegung, und also wird ihre Temperatur vom Thaupunkt entfernt.

Hiernach können wir die charakteristischen Eigenschaften des Maximum und Minimum dahin aussprechen, daß dem Maximum schwache Winde und klarer Himmel, dem Minimum stärkere Winde und trübes Wetter eigenthümlich sind, und zwar nahezu unabhängig von lokalen Vorgängen. Umgekehrt stehen aber die lokalen Witterungsvorgänge unter fortwährender mittelbarer oder unmittelbarer Einwirkung der Maxima und Minima mit den begleitenden Erscheinungen, und wenn oben gesagt wurde, daß die Witterung eines jeden Ortes von der allgemeinen Wetterlage abhinge, so können wir dies jetzt dahin präcisiren, daß bei der Prognose zuerst die Vertheilung des Luftdrucks über Europa bekannt sein muß. Nehmen wir an, daß diese Voraussetzung durch Einlaufen des mehrerwähnten thatsächlichen Materials erfüllt sei, und daß die Wetterkarte für 8 Uhr Morgens am Vormittag des gleichen Tages fertig vorliege, so wird die nächste Aufgabe darin bestehen, die muthmaßlichen Veränderungen dieser Karte für den folgenden Tag herzuleiten, insbesondere und zuerst die zu erwartenden Aenderungen in der Druckvertheilung. Auch hierfür liegt ein reiches Erfahrungsmaterial bereits vor, und ganz besonders die Untersuchungen der Minima, welche von der Seewarte veröffentlicht sind, enthalten für diese Frage ein überaus nützliches und umfassendes Material*). Man hat nämlich gefunden, daß sämmtliche Depressionen (dieser Ausdruck ist gleichbedeutend mit barometrischem Minimum) ihre Orte in gesetzmäßiger Weise verändern, und durch Zusammenstellung sehr vieler Beobachtungsergebnisse ist es gelungen, Regeln aufzustellen, welche für die Ortsveränderung der Minima auf gewissen nach Jahreszeit und Druckvertheilung verschiedenen Zugstraßen eine deutliche Gesetzmäßigkeit hervortreten lassen. Allgemein gilt für alle Depressionen der nördlichen Hemisphäre, daß sie beim Fortschreiten den größten Gradienten auf ihrer rechten Seite behalten. Da nun dies Merkmal zusammenfällt mit der Stelle der dichtesten Isobaren oder der raschesten Druckzunahme von innen nach außen, so haben wir für die Fortschreitungsrichtung der Depressionen dieselbe Regel wie für den Wind: auch sie bewegen sich derartig, daß sie den größern Druck rechts, den geringern links behalten.

Ferner ist die Temperaturvertheilung von Einfluß auf den Gang der Minima. Bei wärmerer d. h. leichterer Luft nimmt der Druck mit wachsender Höhe langsamer ab, als bei kälterer Luft. Folglich wird mit größerer Höhe auch der Druckunterschied zwischen dem Minimum und seiner Umgebung auf der wärmern Seite langsamer abnehmen, und der Gradient, welcher ja als Maß des Druckunterschiedes angesehen werden kann, wird im Ganzen auf der wärmern Seite der Depression größer sein, als auf der kältern. Es hat dementsprechend jede Depression das Bestreben, die höhere Tempe-

---

*) Z. B. s.: J. van Bebber, Typische Witterungserscheinungen, Einleitung zu „Monatliche Uebersicht der Witterung", 1882.

ratur rechts zu behalten, und zwar besonders im Sommer, weil alsdann die Temperaturunterschiede in verschiedenen Höhen größer sind als im Winter. Die Erfahrung lehrt denn auch, daß die Depressionen im Sommer nahezu parallel den Isothermen fortzuschreiten streben, wobei die höhere Isotherme rechts bleibt, daß dagegen im Winter die höchste Temperatur rechts und etwas nach rückwärts gelassen wird, indem die Isothermen dann unter etwa 45° geschnitten werden.

Die durchschnittliche Vertheilung von Luftdruck und Temperatur ist nun eine solche, daß über Europa, und überhaupt auf der nördlichen Erdhälfte mit Ausnahme der Tropen die Wege der Depressionen vorwiegend nach Osten gerichtet sind, weil der größte Gradient sich auf der südlichen Seite zu befinden pflegt. Bei genauerem Eingehen auf die einzelnen zur Beobachtung gekommenen Minima finden sich folgende 5 Zugstraßen besonders häufig:

Zugstraße I beginnt westlich von Nordschottland, zuweilen nördlicher, und führt in nordöstlicher Richtung bis zu den Lofodden, um dann entweder in der bisherigen Richtung oder nach Osten oder nach Südosten weiterzuziehen.

Zugstraße II führt von der Gegend der Shetlandsinseln durch Südskandinavien, über den bottnischen zum finnischen Meerbusen.

Zugstraße III geht vom gleichen Ausgangspunkt nach Südosten, also durch Skagerrak, Kattegatt, Ostsee, über Ostpreußen nach dem südlichen Rußland.

Zugstraße IV kommt vom atlantischen Ocean an der Südseite Irlands vorüber, durchschneidet England in der Richtung nach Nordost und dann entweder durch Skagerrak, Südschweden und den bottnischen Meerbusen oder mehr südlich durch Holstein, Ostsee und den finnischen Meerbusen nach Finnland und dem weißen Meere.

Zugstraße V führt a) vom westlichen Ende des Kanals in südöstlicher Richtung durch Frankreich (selten erst im ligurischen Meere beginnend), dann b) östlich durch Oberitalien und hierauf entweder nordnordöstlich durch Oesterreich, Polen und Westrußland oder östlich durch Oesterreich und Rumänien zum schwarzen Meere oder endlich südöstlich durch das adriatische Meer.

Für die Vertheilung der Zugstraßen auf einzelne Jahreszeiten ergiebt sich aus Untersuchung des fünfjährigen Zeitraumes 1876—1880 folgende Tabelle, wobei durch Zahlen die Häufigkeit der Zugstraßen in den einzelnen Zeitabschnitten ausgedrückt ist:

	I	II	III	IV	Va	Vb
Januar	7	2	3	1	3	1
Februar	2	3	4	—	1	1
März	—	4	6	2	1	4
April	2	—	1	1	4	4
Mai	3	3	—	3	—	—
Juni	3	1	—	3	—	1
Juli	3	3	2	4	—	1
August	3	1	—	7	—	1
September	8	4	—	1	1	2
Oktober	6	3	2	5	3	1
November	1	1	3	5	—	2
December	4	5	5	1	4	1
Winter	13	10	12	2	8	3
Frühling	5	7	7	6	5	8
Sommer	9	5	2	14	—	3
Herbst	15	8	5	11	4	5
Jahr	42	30	26	33	17	19
Oktober — März	20	18	23	14	12	10
April — September	22	12	3	19	5	9

Demnach gehören die nach Südosten gerichteten Zugstraßen ganz vorwiegend der kältern Jahreszeit, die nordöstlich gerichteten der wärmern Jahreszeit an. Insbesondere tritt Zugstraße I häufig im Winter und Herbst, selten im Frühjahr auf, Zugstraße II ist häufig im Winter und Herbst, seltener im Sommer, die Zugstraßen III und Va sind häufig im Winter, sehr selten im Sommer, Zugstraße IV ist häufig im Sommer und Herbst, sehr selten im Winter, und Zugstraße Vb zeigt die größte Frequenz im Frühlingsanfang, die geringste im Sommer.

Es muß indessen hier gleich darauf hingewiesen werden, daß keineswegs diese Zugstraßen für alle Depressionsbahnen maßgebend sind. Nur etwas mehr als der vierte Theil der beobachteten Minima schloß sich völlig den Zugstraßen an, eine große Zahl bewegte sich nur theilweis auf ihnen, und nicht selten sind die „erratischen" Minima, welche ganz unabhängig von den Zugstraßen fortschreiten. Andererseits hat man gefunden, daß die auf den Zugstraßen sich bewegenden Depressionen erheblich größere Tiefe und raschere Fortbewegung zu haben pflegen, als die übrigen. Und noch eine andere Gesetzmäßigkeit tritt hierbei hervor, indem die Minima vorzugsweise in dieselben Bahnen einlenken, welche kurz vorher von anderen Depressionen durchlaufen wurden. Man kann dies als Symptom für die Constanz einer bestimmten allgemeinen Witterungslage ansehen, und wird darauf auch noch durch die Erfahrung hingewiesen, daß ein Umschlag der Witterung sich meist in einer Aenderung der herrschenden Zugstraße ankündigt, besonders wenn die neue Zugstraße eine wesentlich andere Richtung hat, als die bisherige.

Oftmals ist bei der Prognose die Frage zu erörtern, welche Richtung eine bei den britischen Inseln auftretende Depression einschlagen wird. Aus dem Orte, an welchem sie zuerst für uns nachweisbar ist, ergiebt sich kein sicherer Schluß, weil ja die Zugstraßen, soweit wir sie verfolgen können, sämmtlich aus der Umgebung Britanniens herkommen. Höchstens ist von Bedeutung, daß die Zugstraßen I, II, III nördlich, dagegen IV und V südlich von Irland auf europäisches Gebiet zu kommen pflegen, aber darin liegt noch kein unterscheidendes Merkmal für die einzelnen Zugstraßen. Man hat vielmehr zur Beantwortung dieser Frage die Vertheilung von Druck und Temperatur zu untersuchen mit Rücksicht auf die erwähnte Neigung der Minima, beim Fortschreiten höhern Druck und höhere Temperatur rechts zu behalten. Entweder sind in der Umgebung einer Depression beide Elemente, Druck und Temperatur, so vertheilt, daß sie die Fortbewegung in gleichem Sinne beeinflussen; dann findet eben in dieser Richtung das Fortschreiten statt. Oder die beiden Elemente weisen der Drepression verschiedene Richtungen zu; dann folgt die Depression zuweilen dem überwiegenden Einfluß, oder sie schlägt eine resultirende Richtung ein mit vorwiegender Berücksichtigung der stärkern Ursache, oder endlich sie wird, wenn beide Einwirkungen entgegengesetzt gerichtet und nahezu gleich stark sind, in der Bewegung gehemmt und bleibt stationär. In diesem Falle nimmt das Minimum oft eine längliche, den Isobaren und Isothernen sich anschmiegende Form an und entsendet Theilminima, welche ihrerseits der Druckvertheilung entsprechend fortschreiten.

Außer diesen, auf allgemeineren Verhältnissen beruhenden Anhaltspunkten hat nun der Beobachter noch das reiche Material seiner eigenen Wahrnehmungen, um danach die Wetterlage zu beurtheilen. Barometerstand, Windrichtung und Bewölkung geben mannigfachen Aufschluß über die Lage und Bewegung etwa vorhandener Depressionen. Es bedarf keines besondern Nachweises, daß aus dem Sinken oder Steigen des

Barometers die Annäherung oder Entfernung eines Minimum geschlossen werden kann, von dessen Vorhandensein man unterrichtet ist. Auch die Geschwindigkeit, mit welcher sich Aenderungen am Barometer vollziehen, kann für die Bewegung der Depression von Bedeutung sein, weil damit ihr zu- und abnehmender Abstand vom Beobachter zusammenhängt. In gleicher Weise kann auch die Windstärke als Symptom für die Stellung der Depression zum Beobachter dienen, denn sie pflegt bei Annäherung derselben zu wachsen, bei ihrem Fortgange abzunehmen.

Ein sehr wichtiges Merkmal für die Lage und Bewegung der Depressionen ist die Windrichtung. Wie oben erwähnt, gilt die Regel, daß der Wind stets den geringern Druck links und etwas vorwärts behält. Ferner braucht man nur ein Minimum mit den zugehörigen Windpfeilen aufzuzeichnen oder in einer Wetterkarte zu betrachten, um die Richtigkeit der folgenden Sätze einzusehen: Bewegt sich eine Depression derart, daß der Beobachter auf der rechten Seite der Bahn bleibt, so ändert sich die Windrichtung am Beobachtungsorte im Sinne des Uhrzeigers (Süd über West nach Nord); bleibt der Beobachter links vom Wege der Depression, so dreht sich allmälich die Windfahne entgegen dem Uhrzeiger (Nord über West nach Süd). Man nennt diese beiden Arten der Richtungsänderung „Rechtsdrehen" und „Zurückdrehen" oder „Krimpen" des Windes. Geht ein Minimum über den Ort des Beobachters hinweg, so charakterisirt sich das Vorübergehen als windstille Pause zwischen zwei entgegengesetzten Windrichtungen. Die weitaus meisten Depressionsbahnen liegen übrigens, wie wir ja schon wissen, derartig, daß sie Deutschland zur Rechten haben, und deshalb findet bei uns vorwiegend Rechtsdrehen des Windes statt. Wenn auf diese einfache Art die Windrichtung und ihre Aenderungen für die

Beurtheilung der Druckvertheilung maßgebend sind, so erhellt daraus, wie wichtig es ist, daß ein Beobachter fortwährend die Luftbewegung an seinem Wohnort verfolgt. Eine Windfahne ist daher von wesentlichem Vortheil, sofern man sie dauernd im Auge behalten kann. Es empfiehlt sich entweder, eine solche auf dem eigenen Hause anzubringen und mit einer abwärts gerichteten Stange zu verbinden, deren unteres Ende mit Zeiger versehen ist und in demjenigen Zimmer, wo der Beobachter sich gewöhnlich aufhält, die Stellung der Fahne in jedem Augenblick erkennen läßt. Hierbei hat man aber stets die unveränderte Stellung des Zeigers zur Fahne zu kontrolliren, weil sonst leicht unliebsame Irrthümer eintreten. Oder man beobachtet eine auf dem gegenüberliegenden Hause angebrachte und vom eigenen Fenster stets sichtbare Windfahne. Auch hierbei ist Vorsicht zweckmäßig, denn nicht jede solche Fahne entspricht den durchaus nöthigen Bedingungen der leichten Beweglichkeit und der vertikalen Stellung ihrer Axe. Besonders in größeren Städten findet man oft Windfahnen, bei welchen auf architektonische Schönheit mehr Werth gelegt ist, als auf meteorologische Brauchbarkeit, und die beste Windfahne ist unter allen Umständen ein einfacher Wimpel. Viele Stadtbewohner haben indessen überhaupt keine derartige Einrichtung im Gesichtskreise ihrer Fenster, und diese sind auf ein von der Natur gebotenes und sehr einfaches Hülfsmittel zu verweisen, nämlich die Beobachtung des Wolkenzuges.

Mit einiger Uebung kann man leicht die Fertigkeit erlangen, die Zugrichtung einer Wolke zu erkennen. Man fixirt dabei einen nicht zu nahen Punkt (Dachspitze, Baum oder dgl.), welcher vor der betreffenden Wolke erscheint, und entdeckt bald die Bewegung derselben; oder man blickt nach zwei nahen Visirpunkten, die hinter einander liegen (z. B. Bläschen oder

Tintenpunkten auf den beiden Scheiben eines Doppelfensters), und beobachtet die Stellung der Wolke zu dieser festen Visirlinie. Auf solche Art ergiebt sich die Windrichtung für diejenige Höhe, in welcher die beobachtete Wolke schwebt. Da die Luftströmung in verschiedenen Höhen oftmals ganz verschieden gerichtet ist, so bedarf eine solche Beobachtung noch der Ergänzung durch Kenntniß der Wolkenhöhe. Hierüber geben nun Form und Farbe der Wolken einigen Aufschluß. Man unterscheidet drei Hauptformen, nämlich Haufenwolke oder Cumulus, Schichtwolke oder Stratus und Federwolke oder Cirrus. Die ersteren entstehen durch aufsteigenden Luftstrom, also vorwiegend im Centrum größerer und kleinerer Depressionen; sie zeigen geballte, massige Formen und nach oben kugelige Gipfel, die oft im Sonnenschein glänzend weiß erscheinen, während der untere Theil dunkler zu sein pflegt. Diese Cumuluswolken schweben dem Erdboden am nächsten. Die Stratuswolken entstehen vorzugsweise durch verschieden gerichtete Luftströme, die über einander verlaufen und durch Mischung die Kondensation herbeiführen. Das Grenzgebiet beider Strömungen wird dann durch langgestreckte Wolken von geringer vertikaler Ausdehnung bezeichnet. Mithin entsteht diese Wolkenform in solcher Höhe über dem Boden, daß schon eine von der untersten Luftströmung abweichende Bewegung daselbst anzunehmen ist. Die Cirruswolken endlich schweben in solcher Höhe über dem Boden, daß sie entsprechend der dort herrschenden niedrigen Temperatur nicht aus Wassertröpfchen, sondern aus feinen Eisnadeln bestehen. Sie sehen zart und durchsichtig aus und sind stets von sehr heller Farbe. Oft besteht der Cirrus aus einer weit ausgebreiteten zarten Schicht, durch welche der blaue Himmel leicht verschleiert erscheint. Die Bewegung der Cirruswolken ist wegen ihrer großen Höhe nur durch genaue Beobachtung wahrzunehmen. Sie beglei=

ten in großen Massen die Depressionen auf deren rechter und vorderer Seite. Im Ganzen kann man die Regel annehmen, daß eine Wolke um so niedriger schwebt, je dunkler oder undurchsichtiger sie erscheint, und je rascher sie sich scheinbar bewegt. Das erstere Kennzeichen beruht auf der mit wachsender Höhe abnehmenden Dichte der Atmosphäre, denn es ist dementsprechend die Dichte des Wasserdampfes in größerer Höhe geringer, und folglich müssen auch die Wolken um so lockerer sein, je höher die Gegend ihrer Entstehung über dem Boden liegt. Und daß die scheinbare Bewegung unter übrigens gleichen Umständen um so rascher ist, je näher die Wolke dem Beobachter ist, folgt aus den einfachsten Gesetzen der Perspektive. Soll nun die Beobachtung der Wolken über die am Boden herrschende Windrichtung Auskunft geben, so hat man sich dafür selbstverständlich nach den niedrigsten Wolken zu richten. Insbesondere sind es also die Cumuluswolken, welche dabei zu berücksichtigen sind; bei mehreren Wolkenschichten ist in der Regel die unterste ohne Weiteres schon daran erkennbar, daß sie die anderen theilweis überdeckt und scheinbar sich rascher bewegt als diese.

Außer der Windrichtung kann aber aus der Bewölkung auch die Annäherung einer Depression oftmals entnommen werden, denn wie erwähnt wird eine solche in der Regel durch große Mengen von Cirruswolken begleitet. Dieselben befinden sich vorzugsweise rechts vorwärts vom Depressionscentrum, und da die allermeisten Minima (mit Ausnahme von Zugstraße V) so verlaufen, daß Deutschland rechts von ihrer Bahn liegt, so haben wir im Auftreten von Cirruswolken aus westlicher oder nordwestlicher Richtung ein sicheres Kennzeichen für die Nähe einer Depression. Gewöhnlich ist dies auch die erste Ankündigung einer solchen, während andere Merkmale, wie südlicher oder südwestlicher Wind und Fallen des Barometers, erst etwas später einzutreten pflegen.

Anwendung auf die Prognose.

Nach dem Vorstehenden kann die allgemeine Wetterlage, wie sie sich ohne Berücksichtigung lokaler Besonderheiten in der Vertheilung von Luftdruck, Wind und Bewölkung dokumentirt, mit ziemlich großer Sicherheit verfolgt werden, sofern man nicht blos das telegraphisch übermittelte thatsächliche Material für einen bestimmten Augenblick hat, sondern außerdem auch das lokale Verhalten von Luftdruck, Wind und Bewölkung aufmerksam beobachtet. Und es erscheint nicht schwierig, hieraus die weiter bevorstehenden Aenderungen dieser Elemente zu entnehmen, also die Prognose für Luftdruck, Wind und Bewölkung aufzustellen.

III. Temperatur und Niederschlag.

Wenn wir uns nunmehr zu den beiden meteorologischen Elementen Temperatur und Niederschlag wenden, so kommt deren wesentlich lokaler Charakter in Betracht, und es wird hier noch mehr als bisher auf die am eigenen Orte gemachten Beobachtungen einzugehen sein, welche der Wetterkundige seiner Prognose zu Grunde legen muß.

Obwohl alle meteorologischen Studien sich auf Vorgänge in der Atmosphäre beziehen und zwar vorwiegend auf die untersten Schichten derselben, in welchen wir leben, so muß das Studium der Temperaturverhältnisse hierbei eine Ausnahme machen und von der Temperatur des Erdbodens ausgehen. Die Luft nämlich erhält direkt von den Sonnenstrahlen keine Wärme, denn eine Erwärmung durch Strahlen kann nur da stattfinden, wo die Strahlen absorbirt werden. Da aber derjenige Theil der Sonnenstrahlen, welcher überhaupt von der Atmosphäre absorbirt werden kann, bereits in den höchsten und von den Sonnenstrahlen zuerst getroffenen Luftschichten absorbirt wird, so gehen die Strahlen durch unsere tieferen atmosphärischen Schichten ungeändert und ohne Wärmewirkung hindurch und führen erst dem Boden Wärme zu. Von diesem wird ein Theil der eingestrahlten Wärme durch Leitung den unteren Luftschichten zugeführt und in Uebereinstimmung hiermit findet man, daß die Temperatur der uns umgebenden Luft stets den nämlichen Gang zeigt, wie die des Bodens. Jedoch erfolgen alle Veränderungen etwas später in der Luft, weil die Wärmeleitung vom Boden zur Luft eine gewisse Zeit erfordert. Wenn demnach die Lufttemperatur zweckmäßig in Anschluß an die Bodentemperatur studirt wird, so hat man die letztere auf zwei Faktoren zurückzuführen: die Wärmeleitung aus dem Erdinnern und die Strahlung, welche theils der Oberfläche Sonnenwärme zuführt, theils derselben durch Abgabe an den kalten Weltraum Wärme entzieht. Die Erwärmung aus den tieferen Erdschichten ist von Jahres- und Tageszeiten unabhängig, sie bleibt also ohne Einfluß auf die Aenderungen des Wetters und kommt nur für das Klima, speciell die durchschnittliche Temperatur des einzelnen Ortes, in Betracht. Es ist aber ersichtlich, wie große Bedeutung hierbei örtliche Verschiedenheiten in der Bodenbeschaffenheit haben müssen, denn einmal hängt von der Höhenlage eines Ortes seine Entfernung von den wärmenden unteren Bodenschichten ab, dann übt die Leitungsfähigkeit des Bodens einen wesentlichen Einfluß auf die der Oberfläche von unten her zugeführte Wärmemenge aus, und während diese Verhältnisse hauptsächlich für die mittlere Temperatur in Betracht kommen, ist die physikalische Beschaffenheit des Bodens von noch viel größerem Einfluß auf die Strahlungsvorgänge und die aus ihnen resultirenden Witterungsverhältnisse.

Hierbei kommt die Differenz zweier Vorgänge zur Wirkung: Erwärmung durch die von der Sonne eingestrahlte Wärme und Abkühlung durch die von der Erde ausgestrahlte Wärme sind es, welche gleichzeitig und gemeinsam die Bodentemperatur beeinflussen. Die Sonnenstrahlung erwärmt den Boden um so stärker, je längere Zeit die Strahlen wirken und je steiler sie den Boden treffen. Darum ist im Sommer und zur Mittagszeit die Sonnenwärme besonders fühlbar. Die Wärmeausstrahlung vom Boden in den kalten Weltraum ist um so stärker, je mehr Wärme der Boden enthält, sie wird also mit der Temperatur wachsen und abnehmen. Beide Vorgänge hängen naturgemäß in hohem Grade von der specifischen Wärme des Bodens und von der Art seiner Oberfläche ab. Ohne genaueres Eingehen auf diese physikalischen Einzelnheiten sei hier nur kurz erwähnt, daß man unter „specifischer Wärme" diejenige Wärme versteht, welche einem Körper zugeführt resp. entzogen werden muß, damit seine Temperatur um eine bestimmte Anzahl von Graden zu- resp. abnimmt. Je größer die specifische Wärme, um so geringere Temperaturänderungen werden durch die Bewegung einer bestimmten Wärmemenge erzeugt. Eine besonders große specifische Wärme hat das Wasser, und folglich beobachtet man in wasserreichen Gegenden (Küste, Wald) auch besonders geringe Temperaturschwankungen. Bekanntlich zeichnet sich das sogenannte Seeklima durch geringe Unterschiede der Temperatur verschiedener Jahres- und Tageszeiten aus, also durch milden Winter und kühlen Sommer, milde Nächte und mäßige Tageswärme. Was die Oberfläche des Bodens betrifft, so sind erfahrungsmäßig dunkelfarbige oder rauhe Flächen besser als helle oder glatte geeignet, sowohl auffallende Strahlen aufzunehmen, als auch ihrerseits Wärme auszustrahlen. Darum kommt Alles, was mit der Strahlung zusammenhängt, für dunkele oder rauhe Bodenstücke (Humus, Wiese) sehr viel mehr in Betracht, als für hellfarbige oder glatte Flächen (Sand). Diese sämmtlichen Temperaturverhältnisse aber, welche wir bisher betrachtet haben, sind lediglich klimatischer Natur und finden sich ausgedrückt in dem aus mehrjährigen Beobachtungen zu entnehmenden durchschnittlichen Gang der Temperatur am Beobachtungsorte während des ganzen Jahres.

Hierzu kommen nun für die Zwecke der Prognose noch die Beziehungen der örtlichen Temperatur zu Wind und Bewölkung. Wenn vom Winde Luftmassen durch erhebliche Entfernungen fortgeführt werden, so äußert sich ihre ursprüngliche Temperatur in denjenigen Gegenden, nach welchen sie kommen. Man hat also nicht nur zu prüfen, welche Richtung und Stärke der zu erwartende Wind zeigen wird, sondern auch nach der Gegend seiner Herkunft muß geforscht werden. Bei Erörterung der Beziehungen zwischen Luftdruck und Wind wurde gezeigt, daß die Windbahnen stets gekrümmt sind. Dove bezeichnet dies durch den Ausspruch: „die meisten Winde sind Lügner, sie kommen nicht, woher sie sagen". Und in der That kann der Einfluß eines erwarteten Windes auf die Temperatur erst dann richtig erkannt werden, wenn man aus der Vertheilung des Luftdrucks die Krümmung der Windbahn, ferner die Gegend, aus welcher die Luftmassen kommen, und die daselbst herrschende Temperatur anzugeben vermag. Ein Westwind z. B. kann zur Ursache haben entweder ein barometrisches Minimum im Norden oder ein Maximum im Süden des Beobachters. Im ersten Falle bringt er die Luftmassen aus Norden, im zweiten aus Süden, und dementsprechend wird die begleitende Aenderung der Temperatur verschieden sein. Indessen muß man sich hüten, den Einfluß solchen Lufttransportes zu überschätzen. Schwache Winde leisten in der Regel nur sehr wenig in dieser Hinsicht, weil die Temperatur des Bodens durch die Luftwärme nur sehr langsam geändert wird, und darum ist eine bedeutende Temperaturänderung in der hier besprochenen Art vorzugsweise bei starkem Wind und beträchtlichen Differenzen der Temperatur zwischen seinem Ursprungsorte und den von ihm getroffenen Gegenden zu erwarten.

Von größerer Bedeutung für die Temperatur eines Ortes sind die Bedingungen, von welchen die Strahlung beeinflußt wird, und zwar in erster Linie die Bewölkung. Klarer Himmel läßt die Strahlung ungehindert geschehen, während sie durch Vorhandensein einer Wolkendecke eingeschränkt wird. Da nun stets eine doppelte Strahlung stattfindet, die Wärmezufuhr von der Sonne und der Wärmeverlust in den Weltraum, so steigt oder sinkt die Temperatur, je nachdem die erste oder die zweite überwiegt, und dementsprechend ist auch der Ein=

fluß der Bewölkung ein zweifacher. Hat die Einstrahlung seitens der Sonne das Uebergewicht, so bringt der klare Himmel Erwärmung, trübes Wetter aber gehinderte Erwärmung d. i. Abkühlung; ist dagegen die Ausstrahlung seitens der Erde stärker, so wird ihr Ueberwiegen durch klares Wetter noch verstärkt, und es entsteht Abkühlung, während im gleichen Falle eine Wolkendecke den Wärmeverlust der Erde verringert und unter Mitwirkung der von innen kommenden Erdwärme Temperaturerhöhung erzeugt. In jedem einzelnen Falle hat man also zu untersuchen, welche von beiden Strahlungen stärker ist, um danach den Einfluß der erwarteten geringern oder größern Bewölkung beurtheilen zu können. Sehen wir einen Augenblick von der Bewölkung ab, so ändert sich die Stärke der Sonnenstrahlung allein mit der Jahres- und Tageszeit; sie ist im Sommer wegen der längeren Tage und der steilern Einfallsrichtung der Strahlen stärker als im Winter, und sie findet täglich nur so lange statt, als die Sonne über dem Horizont steht. Die Ausstrahlung erfolgt fortdauernd ohne Unterbrechung, und ihr Betrag steht in geradem Verhältniß zur Bodentemperatur, hängt also hierdurch indirekt auch von der Jahres- und Tageszeit ab. Es ist leicht einzusehen, daß während der Nacht die Ausstrahlung, weil sie allein wirkt, stets überwiegt; und damit hängt die Erfahrung zusammen, daß in allen Jahreszeiten klare Nächte kühler sind als trübe. Bis zu welcher Grenze in einer Nacht die Temperatur herabgehen wird, läßt sich oft am vorhergehenden Abend durch Messung der Luftfeuchtigkeit feststellen. Erfahrungsmäßig sinkt nämlich die Lufttemperatur nicht merklich unter den Thaupunkt herab, weil die alsdann beginnende Condensation durch Freiwerden latenter Wärme die weitere Abkühlung hindert. So kann man also das Bevorstehen eines Nachtfrostes annehmen, wenn die Verhältnisse auf

Abkühlung hindeuten und der Thaupunkt der Luft unter 0° liegt, während bei gleichen Verhältnissen und höherem Thaupunkt der Nachtfrost ausgeschlossen ist. Betrachtet man indessen die mittlere Temperatur von Tag und Nacht, so ergiebt sich, daß für diese in der warmen Jahreszeit die Einstrahlung, in der kalten Jahreszeit die Ausstrahlung mehr in Betracht kommt, und daraus folgt die bei der Prognose zu beachtende Regel, daß im Sommer klarer Himmel mit Erwärmung, trüber Himmel mit Abkühlung verbunden zu sein pflegt, während im Winter das Umgekehrte stattfindet.

Dabei wird aber ein solcher Werth der Ausstrahlung vorausgesetzt, wie er der nach Ort und Jahreszeit normalen Temperatur des Bodens entspricht. Liegt die Temperatur eines Ortes merklich über resp. unter derjenigen, welche in der gleichen Jahreszeit zu herrschen pflegt, so hat die Ausstrahlung einen entsprechend höhern resp. geringern Werth, und dies muß bei der Prognose wohl beachtet werden. Besonders für die mittleren Jahreszeiten Frühling und Herbst, in welchen die Differenz zwischen Ein- und Ausstrahlung gering ist, kommt diese Erwägung in Betracht. Wenn nämlich im Frühjahr oder Herbst die wirkliche Temperatur merklich über der normalen liegt, so treten mit überwiegender Ausstrahlung Verhältnisse ein, welche denen der kalten Jahreszeit entsprechen; liegt umgekehrt die Temperatur unter der normalen, so wird die Ausstrahlung dadurch verringert, und es überwiegt wie in der warmen Jahreszeit die Einstrahlung.

Dies läßt sich auch direkt mit der Vertheilung des Luftdrucks in Beziehung bringen, denn, wie oben erwähnt, führen die barometrischen Maxima klaren Himmel, die Minima Bewölkung mit sich. Wir können also deren Eigenthümlichkeiten jetzt noch dahin vervollständigen, daß dem Maximum stets klares Wetter mit kühlen Nächten entspricht, außerdem im

Sommer Erwärmung, im Winter Abkühlung, während das Minimum stets trübes Wetter und warme Nächte mit sich bringt, dazu im Sommer Abkühlung, im Winter Erwärmung. Beide äußern ihre Wirkung im Frühling und Herbst ebenso wie im Winter, wenn die Temperatur über der normalen liegt, dagegen ebenso wie im Sommer, wenn die Temperatur niedriger als die normale ist. Es ist hier wiederum ersichtlich, daß zur Prognose sowohl Kenntniß der augenblicklichen allgemeinen Wetterlage als auch des eigenen Klimas unumgänglich nöthig sind.

Der wichtigste und schwierigste Theil jeder Prognose ist der auf Niederschlag bezügliche, und hier muß mehr noch als bei allen anderen meteorologischen Elementen auf die örtlichen Erfahrungen verwiesen werden. Die Niederschlagsverhältnisse sind von lokalen Einzelnheiten so sehr abhängig, daß eine einigermaßen sichere Regenprognose nur erreicht werden kann, wenn bereits bekannt ist, welche allgemeinen Witterungslagen dem einzelnen Ort Niederschlag zu bringen pflegen. Allgemein kommt in Betracht, daß Niederschlag entsteht, wenn Luftmassen bis zu ihrem Thaupunkt abgekühlt werden. Die in den untersten Luftschichten entstehende Condensation (Thau und Reif) wird durch Abkühlung des Bodens erzeugt, so daß also Thau und Reif begünstigt werden durch niedrige Temperatur und reichliche Luftfeuchtigkeit. Der aus höheren Luftschichten kommende Niederschlag (Regen und Schnee) wird herbeigeführt entweder durch Mischung verschiedener Luftmassen mit Abkühlung des wärmern Theiles bis zum Thaupunkt oder durch dynamische Abkühlung eines aufsteigenden Luftstromes. Der erstere Fall tritt ein, wenn dampfhaltige Luft aus einer warmen Gegend nach einer kühlern strömt und die dortige Temperatur annimmt. Dies findet z. B. häufig in Küstengegenden statt, weil hier zwei Gebiete von meist verschiedener Temperatur aneinandergrenzen. Die große specifische Wärme des Wassers läßt das Meer langsamer die Sommerwärme annehmen und auch langsamer im Herbst abgeben, als es auf dem Lande geschieht; folglich hat das Meer im Frühjahr niedrigere, im Herbst höhere Temperatur als das Land, und es giebt im Frühjahr der Landwind, im Herbst der Seewind Anlaß zu Regenfällen an den Küsten. Besonders der Seewind ist bemerkenswerth, weil seine Wirkung ziemlich weit ins Land hineinreicht, während der vom Landwinde erzeugte Regen meist auf der See niederfällt. Aehnlich wie das Meer wirken große Waldungen, weil auch in ihnen bedeutende Wassermassen angehäuft sind, deren große specifische Wärme in gleicher Weise wie die des Meerwassers von Einfluß ist.

Durch Aufsteigen der Luft entsteht ebenfalls, wie erwähnt, Niederschlag. Oftmals wird dieser Vorgang durch die Gestaltung des Bodens herbeigeführt, sobald nämlich die horizontale Luftströmung durch Gebirge nach aufwärts abgelenkt wird. So hat also die Gegend nördlich von einem Gebirgszug Regen bei Nordwind zu erwarten, die südliche Nachbarschaft des Gebirges dagegen bei Südwind. Umgekehrt zeichnet sich die vom Winde abgewendete Seite der Gebirge durch trockenes Wetter aus, weil die Luftmassen beim Emporsteigen bereits ihre Feuchtigkeit abgegeben haben. Von besonderer Wichtigkeit für die Prognose ist auch hier die Vertheilung des Luftdrucks, insbesondere die Depressionen, welche ja stets einen aufsteigenden Luftstrom enthalten. Ohne Weiteres ist nach dem Vorhergehenden klar, daß ein Depressionscentrum die größte Regenwahrscheinlichkeit bietet, und man kann daher für den Weg, welchen das Centrum einer nicht zu flachen Depression voraussichtlich einschlagen wird, stets Niederschlag erwarten. Vor dem Vorübergang dieses Centrums fallen zunehmende, meist starke Niederschläge und ihm folgen abnehmende Niederschläge in Schauern. Liegt ein Ort nicht auf der Bahn des Depressionscentrums, so ist die Regenwahrscheinlichkeit um so geringer, je größer die Entfernung vom Wege des Minimum. So enthält z. B. Zugstraße I nur geringe Regenwahrscheinlichkeit für Deutschland, besonders für Süddeutschland, Va bringt dem Westen Regen, Vb mehr dem Osten, u. s. w. Eine auf fünfjährige Beobachtung gegründete Darstellung der Regenwahrscheinlichkeit in Kartenform für Europa gesondert nach den oben erwähnten Zugstraßen der Depressionen findet man in der bereits S. 24 citirten Publikation der Seewarte. Hier sei nur nochmals darauf verwiesen, daß zur Regenprognose durchaus die lokalen Verhältnisse genau bekannt sein müssen, d. h. daß man wissen muß, welche Vertheilung von Luftdruck und Temperatur dem einzelnen Orte Regen zu bringen pflegt. Es ist übrigens nicht unbedingt nothwendig, diese Kenntniß durch eigene jahrelange Beobachtungen zu erwerben, sondern ein kürzerer Weg zum gleichen Ziel besteht im genauen Studium einiger Jahrgänge der von der Seewarte täglich herausgegebenen Wetterkarten. Man erkennt dabei bald den besondern Regencharakter jeder Jahreszeit und jedes Monats, sowie den individuellen Antheil, welchen der eigene Wohnort daran hat.

Was vom Niederschlag überhaupt, gilt in gleicher Weise auch vom Gewitter, denn dasselbe entsteht in der Regel da, wo eine sehr rasche Condensation von atmosphärischem Wasserdampf eintritt. Darum ist in der Prognose Rücksicht auf Gewitterneigung zu nehmen, sobald die Verhältnisse einen starken aufsteigenden Luftstrom wahrscheinlich machen, also vorzugsweise beim Vorhandensein oder muthmaßlichen Eintreten einer isolirten Theildepression. Erfahrungsgemäß ist besonders wahrscheinlich ein Gewitter in Aussicht, wenn von einer niedern Isobare ein einzelner Ausläufer nach der Seite des höhern Luftdrucks sich erstreckt, etwa wie eine Halbinsel geringen Drucks in einer Umgebung mit höherem Barometerstande. Die Einzelnheiten, welche dabei noch sonst in Betracht kommen, sind wiederum so sehr von örtlicher Natur, daß auf die lokalen Verhältnisse zurückgegriffen werden muß.

IV. Ergebnisse der Lokalprognose.

Als Ergänzung zu den vorstehend geschilderten Besonderheiten der Lokalprognose, aus welchen ihre Wichtigkeit und ihre Ueberlegenheit im Vergleich zur auswärtigen Prognose hervorging, seien hier noch einige thatsächlichen Ergebnisse mitgetheilt, welche von beiden Arten der Prognose geliefert wurden. Die Prüfung der Prognose bildet ja einen nicht unwesentlichen Theil der vom Wetterkundigen zu leistenden Arbeit, denn durch sie erst kann Werth und Bedeutung der thatsächlichen Leistung richtig erkannt werden. Man pflegt diese Prognosenkritik in Bezug auf die einzelnen meteorologischen Elemente gesondert anzustellen und verfolgt dabei verschiedene Methoden. Entweder ordnet man sämmtliche Prognosen in 3 Klassen, die als gelungen, theilweis gelungen, verfehlt bezeichnet werden, und zählt zur Anzahl der gelungenen die Hälfte der theilweis gelungenen hinzu. Die so erhaltene Summe ausgedrückt in Procenten der Anzahl aller überhaupt ausgegebenen Prognosen bildet dann die erzielte Trefferzahl. Zum gleichen Resultat gelangt man, wenn für jede gelungene, theilweis gelungene, verfehlte Prognose resp. 100, 50, 0 Procent in Anrechnung gebracht, alle diese Zahlen addirt und durch die Anzahl aller Prognosen dividirt wird. Diese Art der Berechnung wird z. B. von der Seewarte angewendet. Nach einer andern, an der Kgl. bairischen meteorologischen Centralstation eingeführten Methode der Prüfung wird der einzelnen Prognose für jedes Element eine speciellere Censur ertheilt, durch welche ausgedrückt ist, ob die Voraussagung ganz richtig, vorwiegend richtig, halb richtig, vorwiegend unrichtig oder ganz verfehlt war. Für jede Prognose kommen dabei resp. 100, 75, 50, 25, 0 Procent in Anrechnung. Diese Verschiedenheit der Kritik läßt es unthunlich erscheinen, zwischen den Ergebnissen verschiedener meteorologischer Anstalten Vergleiche zu ziehen, abgesehen davon, daß auch bei gleicher Prüfungsmethode die individuellen Eigenschaften verschiedener Personen nicht ohne Einfluß bleiben würden. Wenn wir dennoch versuchen wollen, eine Vergleichung zwischen lokalen und auswärtigen Prognosen auf Grund von Trefferzahlen durchzuführen, so muß von vornherein die Beschränkung dabei festgehalten werden, daß nur solche Zahlen zur Gegenüberstellung kommen, welche nach gleicher Methode und von der gleichen Persönlichkeit als Resultat der Prüfung hergeleitet wurden.

Sehr geeignet hierfür sind die Angaben der in München befindlichen Königl. bairischen meteorologischen Centralstation, welche nach allen Theilen von Baiern täglich Prognosen ausgiebt und die erlangten Trefferzahlen für München, Passau, Bamberg und Kaiserslautern publicirt, also für vier Orte, welche in dem ziemlich beträchtlichen Prognosengebiet möglichst weit auseinander liegen. Bezeichnen wir mit „lokal" die in München selbst erzielte Trefferzahl, mit „auswärts" den Durchschnitt der an den drei anderen Stationen erlangten Treffer, so kann folgende Tabelle aufgestellt werden:

Prognosenkritik in München.

Resultat der Prognosenprüfung zu München.

Im Jahre 1882	Wind		Bewölkung		Niederschlag		Temperatur		Mittel	
	lokal	aus-wärts	lokal	aus-wärts	lokal	aus-wärts	lokal	aus-wärts	lokal	aus-wärts
Januar	94	91,3	94	86,3	89	88,3	87	90,7	91,00	89,15
Februar	95	91,7	90	83,7	92	87,0	84	80,3	90,25	85,68
März	91	86,0	92	88,7	83	83,0	90	89,3	89,00	86,75
April	73	78,0	92	84,7	88	71,3	86	80,2	84,75	78,55
Mai	81	83,3	90	85,0	78	68,0	85	88,3	83,50	81,15
Juni	88	82,3	83	80,7	82	69,0	86	81,7	84,75	78,43
Juli	93	94,0	88	90,0	86	82,7	88	87,3	88,75	88,50
August	93	90,3	95	89,7	89	77,0	92	88,7	92,25	86,43
September	91,7	86,1	98,3	91,4	85,0	74,2	92,5	91,9	91,89	85,90
Oktober	81,4	76,6	83,1	89,2	84,7	67,4	88,7	74,4	84,48	76,90
November	78,3	73,1	92,5	84,1	89,2	80,4	80,9	77,1	85,23	78,68
December	93,1	85,7	90,3	81,4	79,1	76,5	79,9	74,5	85,60	79,53
Im Jahre 1883										
Januar	83	82,3	89	85,3	88	87,0	82	79,3	85,50	83,48
Februar	84	84,7	95	91,3	80	79,0	79	73,7	84,50	82,18
März	86	81,7	89	84,0	82	73,7	92	91,3	87,25	82,67
April	63	69,0	82	77,7	75	72,7	86	79,3	76,50	74,68
Mai	82	81,0	92	84,3	76	75,0	85	77,3	83,75	79,42
Juni	93	91,0	88	84,3	94	67,3	92	85,7	91,75	82,08
Juli	86	92,3	93	91,0	86	91,7	89	90,3	88,50	91,33
August	85	85,7	86	82,3	82	73,0	95	90,3	87,00	82,83
September	81	81,3	93	87,7	83	73,3	91	79,7	87,00	80,50
Oktober	82	77,7	77	86,3	83	75,3	81	79,7	80,75	79,75
November	90	85,7	88	85,0	88	85,7	89	90,7	88,75	86,75
December	86	80,0	82	82,3	80	67,7	89	83,7	84,25	78,42

Im Jahresdurchschnitt ergiebt sich für die einzelnen Elemente:

1882	Wind	Bewölkung	Niederschlag	Temperatur	Mittel
Lokal	87,71	90,68	85,42	86,67	87,62
Auswärts	84,87	86,24	77,07	83,70	82,95
Differenz	2,84	4,44	8,35	2,97	4,67
1883					
Lokal	83,43	87,83	83,08	87,50	85,46
Auswärts	82,67	85,14	76,78	83,42	81,98
Differenz	0,76	2,69	6,30	4,08	3,48

Wie diese Zahlen erweisen, ist die Sicherheit der lokalen Prognose merklich größer, als die der auswärtigen. Verglichen sind dabei nur solche Trefferzahlen, welche ebenso wie die zu Grunde liegenden Prognosen sämmtlich von den nämlichen Persönlichkeiten herrühren. Besonders interessant ist die große Differenz beider Zahlenreihen in Betreff der Niederschlagsprognose. Hier sieht man in der That, wie gerade der Niederschlag mit lokalen Vorgängen in enger Beziehung steht und vorzugsweise durch lokale Prognosen erkannt wird.

Die gleiche Erfahrung spricht sich in den folgenden Angaben aus. Das in Chemnitz befindliche Kgl. sächsische meteorologische Institut veröffentlicht seit Juni 1883 eine Kritik sowohl der eigenen als auch der von der Seewarte ausgegebenen Prognosen, soweit letztere sich auf sächsisches Gebiet beziehen. Da diese Prüfungen nach einheitlicher Methode und von der gleichen Persönlichkeit ausgeführt sind, dürfen auch sie hier erwähnt werden. Es ist in der folgenden Tabelle mit „lokal" die Trefferzahl der Chemnitzer Lokalprognose, mit „auswärts" die durchschnittliche Trefferzahl der zu Chemnitz für 10 andere sächsische Stationen ausgegebenen Prognose, und mit „Seewarte" die Trefferzahl der von der Seewarte für Chemnitz aufgestellten Prognose bezeichnet, sämmtliche Zahlen sind Ergebnisse der zu Chemnitz ausgeführten Prüfung.

Resultat der Prognosenprüfung zu Chemnitz.

	Windrichtung			Windstärke			Bewölkung			Niederschlag			Temperatur			Mittel		
Im Jahre 1883	Total	aus-wärts	Seew.	Total	aus-wärts	Seew.	Total	aus-wärts	Seew.	Total	aus-wärts	Seew.	Total	aus-wärts	Seew.	Total	aus-wärts	Seew.
Juni	84,5	72,4	83	92	87,7	92	77	80,6	77	71,5	79,4	71,5	73,5	76,0	75	79,70	79,21	79,70
Juli	85,5	76,0	77,5	90,5	90,1	90,5	92	90,3	83,5	87	82,2	67,5	86,5	89,5	92	88,30	85,61	82,20
August	91,5	77,3	88,5	93,5	90,0	86,5	92	84,1	83,5	71	74,5	65	86,5	89,6	85,5	86,90	83,06	81,80
September	89,5	76,8	88	80	82,8	71	90	79,9	83	63,5	75,8	60	85,5	83,6	80,5	81,70	79,75	76,50
Oktober	90,5	76,4	83,5	89	84,4	81,5	88,5	84,1	79,5	92	93,4	78	90,5	88,2	78	90,10	85,29	80,10
November	84	71,9	82	93	80,9	81,5	86	84,1	88,5	84	87,2	68,5	76	82,0	82	84,60	81,18	80,50
December	83,5	72,3	81	95,5	87,2	89	93	85,9	82	92	87,8	84	90,5	93,2	87,5	90,90	85,26	84,70

Im Jahre 1884

Januar	88,5	80,6	83	85,5	85,0	81,5	81	78,1	84	80,5	81,5	80	89	88,7	83	84,9	82,76	82,30
Februar	95	86,4	95	84	84,5	58,5	79	77,9	74,5	86	85,3	58,5	90	89,7	90	86,80	84,75	75,30
März	84	81,8	82,5	87	90,9	87	77,5	83,3	64,5	76	79,1	69,5	83,5	85,8	89	81,60	84,17	78,50

Im Durchschnitt aus den vorstehend erwähnten 10 Monaten ergab die Prüfung folgende Zahlen:

	Windrichtung	Windstärke	Bewölkung	Niederschlag	Temperatur	Mittel
Lokal	87,65	89,00	85,60	80,35	85,15	85,55
Auswärts	77,17	86,33	82,81	82,60	86,61	82,91
Seewarte	84,40	81,90	80,00	70,25	84,25	79,96

Auch hier finden wir fast ausschließlich Differenzen zu Gunsten der Lokalprognose, theilweise sogar von hohem Betrage. Selbstverständlich kann nicht die Rede davon sein, daß etwa die Chemnitzer oder Münchener Prognose nach rationelleren Grundsätzen aufgestellt wurde, als diejenige der Seewarte, sondern wenn jene eine größere Trefferzahl erreichen, so geschieht es, weil sie unter günstigeren Umständen und mit Zuhülfenahme lokaler Wahrnehmungen zu Stande kommen.

Und so können diese Ergebnisse der Prognosen als experimenteller Beweis für die vorher erläuterten Sätze dienen. Sie zeigen an der Hand der Erfahrung die Ueberlegenheit der lokalen vor der auswärtigen Wetterprognose und weisen auf das Ziel hin, welches allen Bestrebungen der praktischen Wetterkunde zu Grunde liegen sollte, und welches kurz zusammengefaßt lautet

Jeder muß sein eigener Wetterprophet sein.

If you have any concerns about our products,
you can contact us on
ProductSafety@springernature.com

In case Publisher is established outside the EU,
the EU authorized representative is:
**Springer Nature Customer Service Center GmbH
Europaplatz 3, 69115 Heidelberg, Germany**

Printed by Libri Plureos GmbH
in Hamburg, Germany